中华医学会灾难医学分会科普教育图书

图说灾难逃生自救丛书

泥石流

丛书主编　刘中民
分册主编　侯世科

绘　图
11m数字出版

人民卫生出版社

图书在版编目（CIP）数据

泥石流 / 侯世科主编 .—北京：人民卫生出版社，2013
（图说灾难逃生自救丛书）
ISBN 978-7-117-18787-9

Ⅰ. ①泥… Ⅱ. ①侯… Ⅲ. ①泥石流 – 自救互救 – 图解
Ⅳ. ①P642.23-64

中国版本图书馆 CIP 数据核字（2014）第 173097 号

图说灾难逃生自救丛书
泥　石　流

主　　编：侯世科
出版发行：人民卫生出版社（中继线 010-59780011）
地　　址：北京市朝阳区潘家园南里 19 号
邮　　编：100021
E - mail：pmph @ pmph.com
购书热线：010-59787592　010-59787584　010-65264830
印　　刷：北京盛通印刷股份有限公司
经　　销：新华书店
开　　本：710 × 1000　1/16　　**印张：**5
字　　数：95 千字
版　　次：2014 年 9 月第 1 版　2019 年 2 月第 1 版第 4 次印刷
标准书号：ISBN 978-7-117-18787-9/R · 18788
定　　价：29.00 元
打击盗版举报电话：010-59787491　E-mail：WQ @ pmph.com
（凡属印装质量问题请与本社市场营销中心联系退换）

丛书编委会

（按姓氏笔画排序）

泥石流来势凶猛，破坏性难以估量。

速逃至安全高地，莫靠近河岸沟谷。

序 一

我国地域辽阔，人口众多。地震、洪灾、干旱、台风及泥石流等自然灾难经常发生。随着社会与经济的发展，灾难谱也有所扩大。除了上述自然灾难外，日常生产、生活中的交通事故、火灾、矿难及群体中毒等人为灾难也常有发生。中国已成为继日本和美国之后，世界上第三个自然灾难损失严重的国家。各种重大灾难，都会造成大量人员伤亡和巨大经济损失。可见，灾难离我们并不遥远，甚至可以说，很多灾难就在我们每个人的身边。因此，人人都应全力以赴，为防灾、减灾、救灾作出自己的贡献成为社会发展的必然。

灾难医学救援强调和重视"三分提高、七分普及"的原则。当灾难发生时，尤其是在大范围受灾的情况下，往往没有即刻的、足够的救援人员和装备可以依靠，加之专业救援队伍的到来时间会受交通、地域、天气等诸多因素的影响，难以在救援的早期实施有效救助。即使专业救援队伍到达非常迅速，也不如身处现场的人民群众积极科学地自救互救来得及时。

为此，中华医学会灾难医学分会一批有志于投身救援知识普及工作的专家，受人民卫生出版社之邀，编写这套《图说灾难逃生自救丛书》，本丛书以言简意赅、通俗易懂、老少咸宜的风格，介绍我国常见灾难的医学救援基本技术和方法，以馈全国读者。希望这套丛书能对我国的防灾、减灾、救灾工作起到促进和推动作用。

刘中民 教授

同济大学附属上海东方医院院长

中华医学会灾难医学分会主任委员

2013年4月22日

序　二

我国现代灾难医学救援提倡“三七分”的理论：三分救援，七分自救；三分急救，七分预防；三分业务，七分管理；三分战时，七分平时；三分提高，七分普及；三分研究，七分教育。灾难救援强调和重视“三分提高、七分普及”的原则，即要以三分的力量关注灾难医学专业学术水平的提高，以七分的努力向广大群众宣传普及灾难救生知识。以七分普及为基础，让广大民众参与灾难救援，这是灾难医学事业发展之必然。也就是说，灾难现场的人民群众迅速、充分地组织调动起来，在第一时间展开救助，充分发挥其在时间、地点、人力及熟悉周围环境的优越性，在最短时间内因人而异、因地制宜地最大程度保护自己、解救他人，方能有效弥补专业救援队的不足，最大程度减少灾难造成的伤亡和损失。

为做好灾难医学救援的科学普及教育工作，中华医学会灾难医学分会的一批中青年专家，结合自己的专业实践经验编写了这套丛书，我有幸先睹为快。丛书目前共有 15 个分册，分别对我国常见灾难的医学救援方法和技巧做了简要介绍，是一套图文并茂、通俗易懂的灾难自救互救科普丛书，特向全国读者推荐。

王一镗

南京医科大学终身教授

中华医学会灾难医学分会名誉主任委员

2013 年 4 月 22 日

前 言

泥石流是指在山区或者其他沟谷深壑、地形险峻的地区，因为暴雨、暴雪或者其他自然灾害引发的山体滑坡并携带大量泥沙以及石块的特殊洪流，是一种灾害性的地质现象。泥石流由于发生突然、来势凶猛、历时短暂，可携带巨大的石块，并且常常高速前进，因而破坏性极大。

当遭遇泥石流时，如何迅速脱离险境，如何积极、快速、有效地开展自救互救，掌握这些防灾避灾的基本常识和技能技巧，是面对灾难、避免悲剧发生的根本，这样可以最大程度地减少和避免灾害造成的伤亡与损失。

我们精心制作了《图说灾难逃生自救丛书：泥石流》分册，希望通过我们的努力，让更多的人掌握逃生避险、自救互救的知识与方法。

衷心祝福广大读者平安、健康、幸福！

侯世科

武警后勤学院附属医院

2014年8月3日

目 录

中国的泥石流特征

中国是世界泥石流多发国家。根据泥石流形成的自然环境、泥石流类型与活动特点的差异，可将中国划为 6 个泥石流分布区。

青藏高原边缘山区是中国冰川类泥石流最发育地区，泥石流发生频繁、猛烈且规模巨大。

横断山区和川滇山区是中国降雨类泥石流主要发育地区，并发育有少量冰川类泥石流。

西北山区泥石流分布零星，暴发频率低，十几年至几十年才发生一次。

黄土高原山区常出现因暴雨激发而形成浓稠的泥流，主要发生在黄河上游湟水河畔的湟源、西宁、乐都等地，兰州附近的黄河两岸，渭河两岸的天水、社棠、伯阳等地及陕北、陇东、晋西等水土流失严重的山区。

华北和东北山区多形成非黏性的水石质的泥石流，称水石流，活动频率较低，一般几年至十几年暴发一次。

秦岭、大别山以南，云贵高原以东的中国南方山地，降水丰沛，暴雨或台风来势猛烈，特别是江西、广东、福建、台湾和海南岛一带山地，历史上均曾发生过灾害性泥石流。近年来，由于人类生产活动的加剧，泥石流灾害有加重之势。

泥石流的成因

泥石流的形成必须同时具备以下三个条件：陡峻的便于集水、集物的地形地貌；有丰富的松散物质；短时间内有大量的水源。泥石流常发生于地质构造复杂、断裂褶皱发育、新构造活动强烈、地震烈度较高的地区。地表岩石破碎、崩塌、错落、滑坡等不良地质现象发育，短期内发生的暴雨、冰雪融水和水库（池）溃决可成为泥石流发生的激发因素。

泥石流经常发生在峡谷地区和地震火山多发区，在暴雨期具有群发性。世界上有 50 多个国家存在泥石流的潜在威胁，其中比较严重的有哥伦比亚、秘鲁、瑞士、中国和日本。

一般情况下，泥石流的发生有三个基本条件：

◎ 地形地貌条件

在地形上具备山间或山前沟谷地形，山高、坡陡、谷深的地形，便于水流汇集。

在地貌上，泥石流的地貌一般可分为形成区、流通区和堆积区三部分。

（1）上游形成区的地形多为三面环山，一面出口为瓢状或漏斗状，地形比较开阔，周围山高坡陡、山体破碎、植被生长不良，这样的地形有利于水和碎屑物质的集中。

（2）中游流通区的地形多为狭窄陡深的峡谷，峡谷使泥石流能迅猛直泻。

（3）下游堆积区的地形为开阔平坦的山前平原或河谷阶地，使堆积物有堆积场所。

◉ **松散物质来源条件**

上游堆积丰富的松散固体物质，例如乱石、沙土遍野。

泥石流常常发生在地质构造复杂，岩层结构松散、软弱或易于风化，地震高发的地区。地表岩石破碎、崩塌、错落、滑坡等不良地质现象为泥石流的形成提供了丰富的固体物质来源。

◉ 水源条件

水既是泥石流的重要组成部分，又是泥石流的激发条件和搬运介质（动力来源）。泥石流的水源有暴雨、雪融水和水库溃决等形式。我国泥石流的水源主要是暴雨、长时间的连续降雨等。

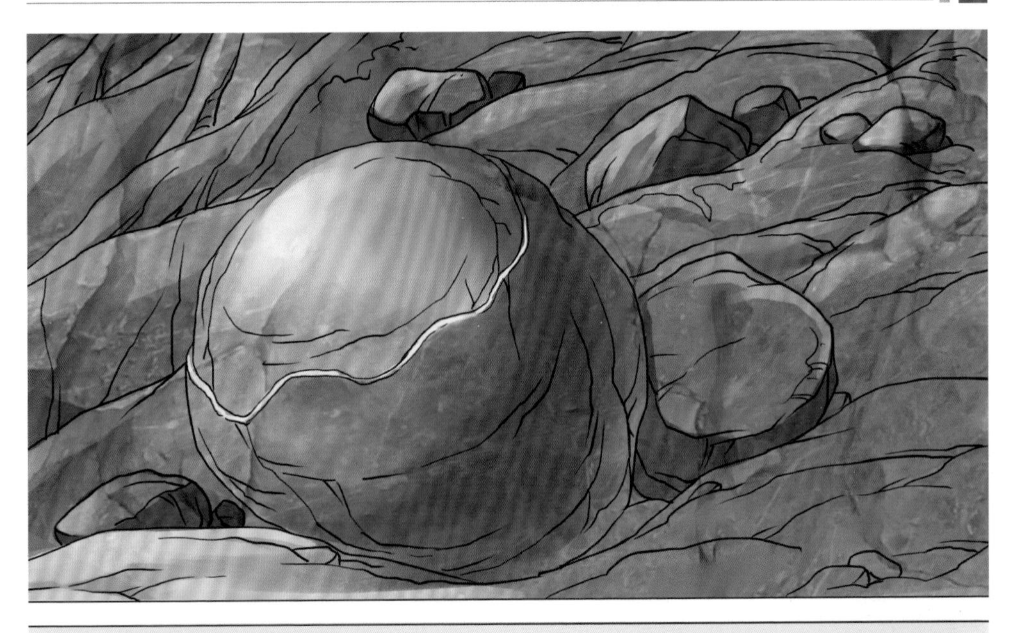

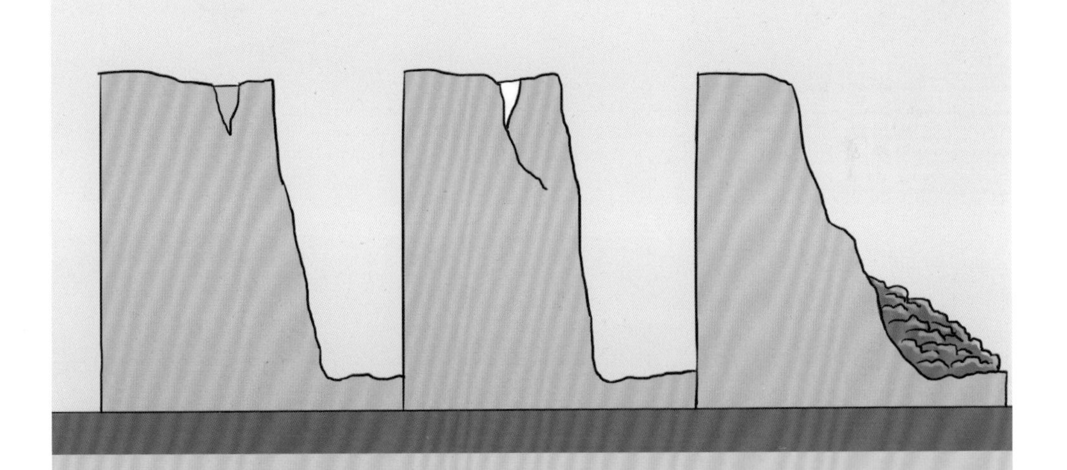

泥石流的诱发因素:

◉ **自然原因**

自然风化使岩石分解;降水时吸收的酸性物质对岩石的分解;地表植被分泌的物质对土壤下的岩石层的分解;霜冻引起土壤的冻结和溶解造成的土壤松动。这些原因都能造成土壤层的增厚和松动,从而诱发泥石流。

◉ 滥伐乱垦

滥伐乱垦会使植被消失，山坡失去保护，土体疏松，冲沟发育，大大加重水土流失，进而山坡的稳定性被破坏，崩塌、滑坡等不良地质现象发育，结果就很容易发生泥石流。

甘肃省白龙江中游是我国的泥石流多发区，而在 1000 多年前，那里竹树茂密、山清水秀，后因伐木烧炭，烧山开荒，森林被破坏，才造成现在泥石流泛滥的局面。泥石流毁坏村庄、公路，造成人民生命财产的严重损失，当地群众说：“山上开亩荒，山下冲个光。”

◎ 不合理开挖

有些泥石流就是在修建公路、铁路、水渠以及其他工程建筑过程中不合理开挖，破坏了山坡表面而形成的。

云南省东川至昆明公路的老干沟，因修公路及水渠，使山体遭到破坏，加之1966年犀牛山地震又形成崩塌、滑坡，致使泥石流更加严重。

◉ **弃土弃渣采石**

弃土弃渣采石形成的泥石流案例也很多。

2011年12月4~6日，湖北省十堰市郧西县马安镇人和矿业开发有限公司尾矿库两次泄漏，数千立方米尾矿渣形成泥石流，冲毁了下游的公路和庄稼地。进一步调查发现，人和矿业开发有限公司并无采矿证，属于非法开采。

◎ 自然灾害

有时，泥石流是由于地震灾害过后暴雨或山洪冲刷大面积的山体后发生洪流而引起的次生灾害。

我国泥石流发生的规律：

◉ 地区性规律

目前我国已查明的泥石流沟有 10 000 多条，其中大多数分布在甘肃、四川、云南、西藏等西部地区。

四川、云南多是雨水泥石流，青藏高原则多是冰雪泥石流。

◎ 季节性规律

我国泥石流的暴发主要是受连续降雨、暴雨，尤其是特大暴雨集中降雨期的激发，泥石流发生的时间规律与集中降雨的时间规律相一致，具有明显的季节性，一般发生在多雨的夏秋季节，各地因集中降雨的时间差异而有所不同。西南地区的降雨多集中在 6～9 月，因此西南地区的泥石流多发生在 6～9 月，而西北地区泥石流好发于 7～8 月。

◉ **周期性规律**

泥石流的发生受暴雨、洪水的影响，而暴雨、洪水总是周期性地出现。因此，泥石流的发生和发展也具有一定的周期性，且其活动周期与暴雨、洪水的活动周期大体一致。当暴雨、洪水两者的活动周期与季节性相叠加，常常形成泥石流活动的一个高潮。

◉ 泥石流危害的特点

泥石流通常发生突然、来势凶猛、历时短暂，可携带巨大的石块，并且常常高速前进，因而破坏性极大。

泥石流兼有崩塌、滑坡和洪水破坏的多重作用，其危害程度比单一的崩塌、滑坡和洪水的危害更为广泛和严重。

◎ **泥石流对生命安全的危害**

倾泻的泥石流会对人体造成各种创伤，如骨折、挫伤、扭伤、挤压伤、贯通伤等；还可使人因埋压或吸入泥浆发生呼吸道梗阻，出现胸闷、气促、呼吸困难等症状；此外，开放性的伤口还容易引起感染。如得不到及时救治，会直接危及生命。

◎ 泥石流对基础设施的危害

泥石流冲进乡村、城镇等人类居住点，摧毁房屋、工厂及其他场所设施；冲毁水电站、引水渠道和过沟建筑物，造成水库淤积、坝面磨蚀等；泥石流直接破坏耕地，使农作物减产或绝收，造成当地居民日后生存艰难。

◎ 泥石流对交通设施的危害

泥石流可直接埋没车站、铁路、公路，摧毁路基、桥涵等设施，致使交通中断；还会引起正在运行的火车、汽车颠覆，造成重大人身伤亡事故。

泥石流汇入河流，引起河道大幅度变迁，间接毁坏公路、铁路及其他建筑物，甚至迫使道路改线，造成巨大经济损失。新中国成立以来，泥石流给我国铁路和公路造成了无法估计的巨大损失。

瓦斯卡兰山大泥石流

瓦斯卡兰山，位于秘鲁永盖省，是安第斯山脉西部白山山脉的一部分。瓦斯卡兰山的名称来自16世纪的印加帝国酋长瓦斯卡尔。瓦斯卡兰山峰是安第斯山脉的最高峰，是西半球的第六高峰，海拔6768米，其山体坡陡，山上终年积雪，山顶冰川纵横，在阳光的照耀下灼灼闪光。

1970年5月31日20时23分，瓦斯卡兰山暴发泥石流，5000多万立方米的雪水夹带着泥石，卷起的气浪将3吨重的岩石抛到600米之外，并以每小时100千米的速度冲向山下的容加依城，造成2.3万人死亡，10万人受伤，经济损失高达5亿美元，灾难景象惨不忍睹。

泥石流的逃生自救

泥石流暴发突然猛烈，持续时间不长，通常几分钟就结束，时间长的也就一两个小时。由于泥石流较难准确预报，易造成较大伤亡，因此，泥石流发生之前对其进行正确判断，遭遇泥石流之后采取正确的方法避险、逃生非常重要。随着我国人民生活水平的提高，不少人经常自驾旅游，尤其要学习各种灾难的逃生自救技巧。

◎ 尽量避免在震后前往滑坡多发地区

如果身处滑坡多发地区，应在滑坡隐患区附近提前选择几处安全的避难场地。避难场地应选择在易滑坡两侧边界外围。在确保安全的情况下，离原居住处越近越好，交通、水、电越方便越好。

不鼓励未经培训的志愿者前往灾区救灾。

志愿者要服从统一安排，不要擅自行动。

◉ 地震后，对滑坡、泥石流等危险地带要警示，防止人员擅自进入

泥石流是山区所特有的一种突发性自然灾害。地震破坏山体稳定性，为泥石流提供松散固体物质；地震活动加剧沟谷侵蚀，有利于泥石流沟的发育和形成；地震还可以为泥石流形成提供动力条件。因此，地震后，一些山区往往也成为泥石流的高发区域。地震后，应在滑坡、泥石流多发地区设置警示牌，防止人员擅自进入。

◉ 警惕山谷异响

泥石流主要发生在夏季暴雨期间，而该季节又是人们选择去山区、峡谷游玩的时间。因此，在出行时一定要事先收听当地天气预报，不要在大雨天或在连续阴雨且当天仍有雨的情况下进入山区沟谷旅游。

进入山谷后，注意观察山谷中的环境，如听到远处深谷或沟内传来类似火车轰鸣声或闷雷声，哪怕极弱也应警惕泥石流正在形成。另外，沟谷深处变得昏暗并伴有轰鸣声或轻的震动声，也说明沟谷上游已发生泥石流。遇到上述情况时，要及时做好转移的准备。

◎ 尊重科学，听从劝阻，避免人身意外

现在社会上有一些自助游发起人出于一己私利，置队员生命于不顾，不尊重科学，雨季组团去危险地区旅游，最终造成一幕幕悲剧。

2011 年 6 月 18 日，新疆巴音郭楞蒙古自治州和静县克尔古提乡发生泥石流，导致由 37 名网友自发组织的旅游团被困。当地政府迅速组织 70 余名公安干警、医护人员赶往现场实施救援，并迅速抢修水毁道路，最终 34 人被顺利营救，3 人不幸遇难。

⊙ 雨季不要在沟谷中长时间停留

雨天不要在沟谷中长时间停留或行走。雨季穿越沟谷时，先要仔细观察，确认安全后再快速通过。山区降雨普遍具有局部性特点，沟谷下游是晴天，沟谷上游不一定也是晴天，“一山分四季，十里不同天”就是群众对山区气候变化无常的生动描述。即使在雨季的晴天，同样也要提防泥石流灾害。切记：一定不要刚下过大雨便到野外活动；不要雨后到山野河沟中戏水、劳动。

◉ **山地游玩时选好宿营地**

去山地游玩时，要选择平整的高地作为宿营地，尽可能避开陡峭的悬崖和沟壑、植被稀少的山坡、潮湿的山坡，以及有滚石和大量堆积物的山坡，这些都是滑坡可能发生的地区。

切忌在山谷和河沟底部搭建宿营棚。

特别是当遇到长时间降雨或暴雨时，更应警惕泥石流的发生。

◎ 山区旅游时，留意雨情

在山区的旅客需要注意：长时间降雨或暴雨渐小之后或雨刚停，不能马上返回危险区，泥石流暴发常滞后于降雨；如果白天降雨较多，夜间应密切注意雨情，最好提前转移、撤离。

◎ **远离危岩**

游客切忌在危岩附近停留，不能在凹形陡坡危岩突出的地方避雨、休息和穿行，不能攀登危岩。

不要停留在坡度大、土层厚的凹处。

避开河（沟）道弯曲的凹岸或地方狭小高度又低的凸岸。

◎ 熟悉泥石流的征兆

泉水、井水的水质突然变得混浊，原本干燥的地方突然渗水或出现泉水蓄水池大量漏水时，将有可能发生泥石流。

切忌：没有作出正确的判断便慌忙失措；将其他干扰因素带来的异常现象视为泥石流来临的前兆。

地下发生异常响声，同时家禽、家畜有异常反应时，有可能发生滑坡、泥石流、地震等危险地质灾害。

切记：不要制造、传播谣言，避免人为恐慌。

◎ 泥石流发生前的河道异常

（1）河流水势突然加大，并夹有较多柴草、树枝。

（2）下游河水突然断流，可能是上游有滑坡堵河、溃决型泥石流即将发生的前兆。

（3）沟谷深处突然变得昏暗，并有轻微震动感等。

◉ 泥石流的紧急避险措施与自救

(1) 发现有泥石流迹象时，应沉着冷静，不要慌乱。不要在谷地停留，应迅速向两侧山坡或高地逃离，并尽快在周围寻找安全地带。

泥石流逃生的关键是：跑，及时跑，尽早跑！

逃生时，要抛弃一切影响奔跑速度的物品，例如挎包、玩具、旅行背包等。

（2）一旦发现泥石流，要立即往与泥石流成垂直方向一边的山坡上面跑，跑得越高越好，跑得越快越好，绝对不能向泥石流的流动方向逃生。

往泥石流方向的两边跑也有学问。往两边跑，如果两边都是山坡，那么要注意可能会发生坡面性泥石流，应选择缓一些的山坡。另外，泥石流行至沟谷有些拐弯的地方，不能像水一样拐弯，就会爬高。因此，逃生时不能往拐弯的地方跑。

（3）跑动时应注意查看前方道路是否有塌方、沟壑等，并随时观察可能出现的各种危险，如掉落的石头、树枝等。

（4）来不及逃跑，或无法继续逃离时，应迅速抱住身边的树木等固定物体；但不要上树躲避，因为泥石流不同于一般洪水，其流动中可能剪断树木卷入泥石流。

（5）不要躲在有滚石和大量堆积物的陡峭山坡下面。

（6）如果在房间内，则一定要设法从房屋里跑出来，到开阔地带，尽可能防止被埋压。

泥石流是严重威胁生命的地质灾害，不要因留恋家居、收拾财物等而错过最佳逃生时机。如果有需要照顾的老年人、儿童、病人等，更要提前带其逃离。

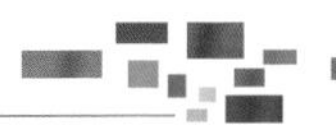

（7）遇到山体崩滑时，如果躲避不及，应注意保护好头部，可利用身边的衣物裹住头部。

(8) 安全的高地是最好的避灾场所。

自救互救要领:躲到离泥石流发生地较远处的高地上。

切记:一定不要站在泥石流岸边观看。

如果泥石流堵塞了河道，上游很快会形成堰塞湖，河水蓄积，下游将面临洪水威胁，所以应在下一波灾难来临前尽快撤离。

切记：灾难面前，不要心存侥幸，一切以生命安全为重。

如果你在开车的时候遇到泥石流，应果断从车里逃出来，向两边逃跑，因为待在车里容易被泥石流掩埋，导致窒息。

切记：不要试图横穿泥石流，这是非常危险的！

泥石流的逃生互救

泥石流的预测预报工作很重要，这是防灾和减灾的重要步骤和措施。加强小范围局部暴雨的预报，当月降雨量超过350 毫米，日降雨量超过 150 毫米时，就应发出泥石流警报。泥石流灾害的特点是规模大、危害严重、活动频繁、危及面广，且重复成灾，因此泥石流灾区居民不仅要了解泥石流的自救技巧，还要学会互救技术。

◉ **选择撤离路线**

泥石流灾区，必须经过专业人士的实地勘察，确定正确的撤离路线。

自救互救要领：由地质专家实地进行考察勘测后再行撤离。

切忌：①慌不择路，进入危险区；②不听从统一安排，自择路线逃生。

◉ 雨季做好灾害值班

处于泥石流灾区的人在雨季应当随时注意当地气象部门在电台、电视台上发布的暴雨消息，收听当地有关部门发布的灾害消息。当天降大雨或大暴雨时，一定要有人在单位值班，一有情况及时通知相关领导，启动应急预案。

◎ 沉着镇定，汇报灾情

野外发现灾情，要立刻将灾害发生的情况报告相关政府部门或单位。

自救互救要领：①不要慌张，尽可能将灾害发生的详细情况迅速报告相关政府部门和单位；②做好自身的安全防护工作。

切忌：①认为与自己无关，不予报告；②只身前去抢险救灾。

居民点一旦发现河谷里有泥石流形成，应迅速并大声通知大家转移，可以用敲盆、吹哨等方式发出警报。

再次强调：泥石流来势凶猛，危害极大，“跑”字诀是首要的逃生要领，切不可因贪念财物而错过最佳逃生时间。

泥石流多发地区的居民，在暴雨的夜晚要注意聆听屋外任何异常的声音，如听到树木被冲倒、石头碰撞的声音，可能意味着泥石流将要发生或已经发生，应立即撤离。

2009年7月23日夜间，四川康定发生泥石流时，张某正在熟睡，凌晨3点时他被异响惊醒，听到外面雨下得很大，还听到了石头互相撞击发出的声音。他连忙叫起家人起床逃离，使大家得以安全逃生。

◎ **抢险救灾，组织有序**

泥石流灾情发生时，往往摧毁居民的住房、供水系统、供电系统，导致村庄、城市职能瘫痪，政府要及时进行抢险救灾，为灾区居民提供必需的临时住房、食物保障和医疗救助。

同时，灾难来临时，应照顾好老、弱、病、残者。

⊙ 饮水安全，预防疾病

千万不要饮用被污染了的水。

自救互救要领：①食品不足时，应适量进食来维持生命；②若食物已短缺，应一边寻找山果等充饥，一边等待救援；③水源被污染，应立刻停止使用被污染的水，以免发生中毒现象；④可收集雨水饮用。

切忌：①继续饮用被污染的水；②食品不足，不想办法充饥，使身体更加虚脱。

抢救被滑坡掩埋的人时应先将滑坡体后缘的水排干，再从滑坡体的侧面进行挖掘。不要从滑坡体下缘开挖，这会使滑坡加快。

泥石流的类型

泥石流按水源补给分为:冰川型泥石流、降雨型泥石流。

泥石流按沟谷形态分为:沟谷型泥石流、坡面型泥石流。

泥石流按物质组成分为:泥石流、泥流、水石流。由大量黏性土和粒径不等的砂粒、石块组成的称为泥石流;以黏性土为主,含少量砂粒、石块,黏度大、呈稠泥状的称为泥流;由水和大小不等的砂粒、石块组成的称为水石流。

泥石流按其物质状态分为三类:①黏性泥石流(容量为每立方米 2~2.3 吨),含大量黏性土的泥石流或泥流。其特征是:黏性大,固体物质占 40%~60%,最高达 80%。其中的水不是搬运介质,而是组成物质,稠度大,石块呈悬浮状态,暴发突然,持续时间亦短,破坏力大。②稀性泥石流(容量为每立方米 1.5~1.8 吨),以水为主要成分,黏性土含量少,固体物质占 10%~40%,有很大分散性。水为搬运介质,石块以滚动或跃移方式前进,具有强烈的下切作用。其堆积物在堆积区呈扇状散流。③过渡性泥石流(容量为每立方米 1.8~2 吨)。

泥石流按规模大小分为:小型泥石流(一次泥石流总堆积量小于 10 万立方米)、中型泥石流(10 万~50 万立方米)、大型泥石流(50 万~100 万立方米)、特大型泥石流(大于 100 万立方米)。

泥石流的防治

我国是泥石流灾害严重的国家之一，每年因泥石流造成的经济损失惊人！人类生产活动向山区的迅速扩展，破坏了山地地表结构，加剧了水土流失，促使滑坡崩塌频起，是我国泥石流活动日趋频繁的重要原因。然而，通过植树造林，积极治理滑坡，加强灾情监测，泥石流也是可以防治的。

2010 年 8 月 7 日 22 时许，甘肃省舟曲县突降强降雨，县城北面的罗家峪、三眼峪泥石流下泄，由北向南冲向县城，造成沿河房屋被冲毁，泥石流阻断白龙江，形成堰塞湖。舟曲“8·8”特大泥石流灾害中遇难 1434 人，失踪 331 人。在我国至少还有 1.6 万个与“舟曲”类似等级的地质灾害隐患点，威胁着人民群众的人身和财产安全。

⊙ **预防泥石流的措施**

（1）房屋不要建在沟口和沟道上：受自然条件限制，很多村庄建在山麓扇形地上。山麓扇形地是历史泥石流活动的见证，从长远的观点看，绝大多数沟谷都有发生泥石流的可能。因此，在村庄选址和规划建设过程中，房屋不能占据泄水沟道，也不宜离沟岸过近；已经占据沟道的房屋应迁移到安全地带。在沟道两侧修筑防护堤和营造防护林，避免或减轻因泥石流溢出沟槽而对两岸居民造成伤害。

（2）**不能把冲沟当作垃圾排放场**：在冲沟中随意弃土、弃渣、堆放垃圾，将给泥石流的发生提供固体物源，促进泥石流的活动；当弃土、弃渣量很大时，可能在沟谷中形成堆积坝，堆积坝溃决时必然发生泥石流。因此，在雨季到来之前，最好能主动清除沟道中的障碍物，保证沟道有良好的泄洪能力。

（3）**保护和改善山区生态环境**：泥石流的产生和活动程度与生态环境质量有密切关系。一般来说，生态环境好的区域，泥石流发生的频度低、危害范围小；生态环境差的区域，泥石流发生频度高、危害范围大。提高小流域植被覆盖率，在村庄附近营造一定规模的防护林，不仅可以抑制泥石流的形成、降低泥石流发生频率，而且即使发生泥石流，也多了一道保护生命财产安全的屏障。

在山区的城镇建设中，绝不能破坏山坡的稳定性（如不适当地削坡、开山采石、随意排放采矿弃渣、在陡坡开荒种地、大量砍伐森林等），导致生态环境恶化，水土流失加剧，促进泥石流活动性增强。另外，环山而建的引水渠因渗漏而诱发滑坡，也会直接诱发泥石流。这些都会人为地增大泥石流的活动规模与活动频率。

（4）**加强预报预测**：泥石流的预测预报工作很重要，这是防灾和减灾的重要步骤和措施，包括对泥石流沟进行定点观测研究，了解其形成与运动情况；因为暴雨是泥石流的激发因素，所以要加强水文、气象的预报工作；建立泥石流技术档案，特别是大型泥石流沟的流域要素、形成条件、灾害情况及整治措施等资料应逐个详细记录，并解决信息接收和传递等问题；划分泥石流的危险区、潜在危险区或进行泥石流灾害敏感度分区；开展泥石流防灾警报器的研究。

（5）**泥石流监测预警**：监测流域的降雨过程和降雨量（或接收当地天气预报信息），根据经验判断降雨激发泥石流的可能性；监测沟岸滑坡活动情况和沟谷中松散土石堆积情况，分析滑坡堵河及引发溃决型泥石流的危险性，在泥石流形成区设置观测点，发现上游形成泥石流后，及时向下游发出预警信号。

人类在开发利用大自然的同时，一定要对大自然进行保护，这样才能做到和谐共生、可持续发展。

52